童话数学
儿童数学启蒙图画书

公主的坏脾气

·寻找规律·

国开童媒 编著　　每晴 文　　陈然 图

国家开放大学出版社出版　　国开童媒（北京）文化传播有限公司出品

北　京

　　从前，在一个偏僻的小国，有一位美丽却傲慢的公主。她让所有人都伤透了脑筋，因为她对任何事物都极度挑剔，谁也琢磨不透她到底喜欢什么。

"公主您今天配戴这条项链如何？"

"哦，不！快拿走！"

"公主，这是您今天的点心。"

"天哪！我连看都不想看一眼！"

所有人都被她折磨得疲惫不堪，她自己也很不快乐。

有一天，皇宫里的大臣向国王报告："亲爱的陛下，有个好消息，邻国的比乐王子想要向您提亲，求娶我们美丽的公主。"

国王听到这个消息又喜又忧。他早就听说过邻国有一位比乐王子英俊不凡、智慧过人，如果公主能嫁给他可太好了……可是，公主的坏脾气会不会毁了这桩亲事呢？

不久后的一天，比乐王子来到了皇宫，国王热情地接待了他，并如实地诉说了自己的担忧。

比乐王子听完，并没有放弃迎娶公主的决定。他想了想，说："我能看看公主平时都喜欢什么样的东西吗？"

一位仆人说："那天我端上这样一份点心，公主非常满意。"

另一位仆人说："这条项链是公主最喜欢的。"

小贴士：请你仔细观察公主喜欢的这几件东西，看看你能有什么发现哟。

"这是给公主做的新裙子，她说非常喜欢，特别是这条腰带上的花纹。"皇家裁缝也补充说。

看着这些东西，比乐王子陷入了沉思……

忽然，他欣喜地抬起头来，看着国王说："我知道公主喜欢什么样的东西了！您能允许我见见她，陪她四处逛逛吗？我保证让她开心。"

虽然国王的心里还有些疑惑，但还是让
人请来了公主，他真想看看这个比乐王子
究竟如何让自己爱挑剔的女儿快乐起来。

亲爱的宝贝，这位是邻国的比乐王子。

美丽的公主，很荣幸见到你，请收下我从远方带来的见面礼，这是我们国家手艺最精湛的花艺师制作的永生花环。

公主看到这个花环，整个人都惊呆了，它正是自己心目中最完美的花环。她的脸上微微绽放出难得一见的笑容。国王见此情形，高兴得不知该怎么才好。

很显然，比乐王子给公主留下了完美的第一印象。接下来，他邀请公主一起喝下午茶。

公主喜欢他准备的一切，无论是美味可口的点心，还是精致的茶具。

他们还一起愉快地玩套圈游戏……
还有，一起大笑着观看小丑表演！

临近傍晚，他们到皇家剧院里看了一场音乐剧。

公主和比乐王子度过了完美的一天，她感到前所未有的快乐！

国王对此惊讶极了，他实在是太好奇了：比乐王子是怎么治愈了公主的坏脾气呢？

比乐王子在国王的耳边悄悄说……

小贴士：小朋友，你能猜到比乐王子对国王说了什么吗？

比乐王子通过细心的观察，在众多事物中发现了其背后隐藏的规律，即在变化中寻找不变，什么是不变的呢？相信聪明的小朋友也发现了，"几个一组，重复排列"——这就是规律。

事物的规律是由简单到复杂，而孩子对规律的学习也同样应当遵循和经历由简入繁的过程。我们的身边处处都有规律，不仅图形有规律，颜色、座位、动作、数字等也能有规律。有的规律是一眼能够看出的，有的规律需要我们去探究。数学探究就是一个不断发现、不断思考、不断深入、不断强化的过程。我们还要引导孩子用自己的语言总结出规律，感受到找规律的乐趣，形成数学学习的经验，逐步学会"用数学的眼光观察现实世界，用数学思维思考现实世界，用数学的语言表达现实世界"。

北京润丰学校小学低年级数学组长、一级教师　蒋慕香

思维导图

大家都不知道公主为什么总是莫名其妙地发脾气，但初来乍到的比乐王子发现了其中的秘密。这个秘密是什么呢？请看着思维导图，把这个故事讲给你的爸爸妈妈听吧！

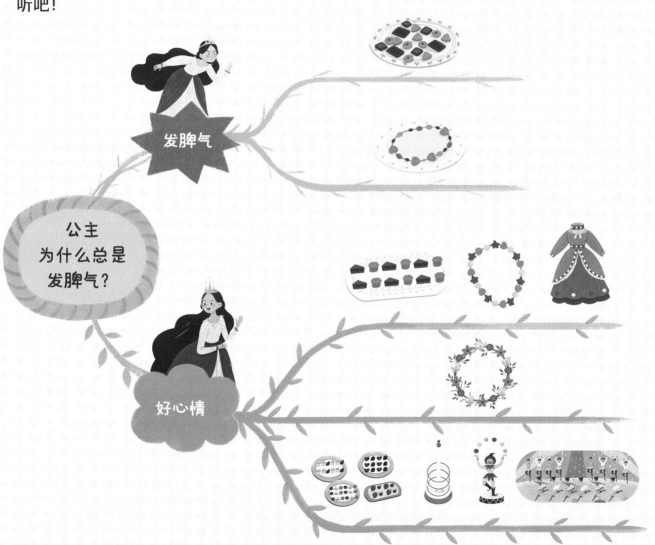

· 花环大会 ·

公主准备举办一场花环大会，规则是谁设计出了公主心目中最美的花环，谁就能得到公主的赏赐。大家纷纷送上了参赛作品，你知道公主最喜欢的是哪一款吗？

· 美丽的项链 ·

比乐王子送给了公主一条美丽的项链，仔细观察项链中爱心的排列规律，空缺处的爱心应该是什么颜色呢？请你为它涂上颜色吧！

· 美味的烤串 ·

爱玩的公主突发奇想要准备一个烧烤大会，下面是仆人准备的烤串，仔细观察已经串好的食材的排列规律，想一想：空缺处应该是什么呢？下面的方框里是一些备选食材，请你画线连一连吧！

· 最完美的花园 ·

国王为公主建造了一座花园，但公主看到了并不开心，原来是每排的花草排列都有一个不符合规律的地方。请你把错误排列的花草圈出来，并在下面的三个方框里分别画出正确的答案吧！

· 一起来做水果串 ·

1. 家长和孩子可以一起准备游戏道具：4根以上的竹签、3种水果（每种8个以上）、放水果串的盘子。

2. 做水果串的规则是：无论孩子家长是自由发挥还是互相指定，都要有一定的排列规律。

3. 做完之后，家长和孩子互相检查对方的水果串，并找到每串的规律。出现错误的人要接受惩罚哟，比如拿着这串水果串做鬼脸拍照……

4. 当所有水果串的排列都有规律的时候，就一起享用吧！

5. 开拓思维：除了本书中提到的规律，帮助孩子在日常事物中发现其他规律，比如aab、aabb等。

·生活中的规律·

生活中有很多有美感的、有规律的事物，家长可以引导孩子多去发现规律或者尝试创造有规律的事物，让孩子感受到规律在生活中的广泛运用。

1.发现生活中的规律

比如比较直观的颜色、大小、形状方面的规律，像花纹毛衣的图案、浴室的瓷砖、节日里的彩旗等，再延伸到图形的方向、声音、节奏等其他属性，进而让孩子慢慢理解更深层次的自然规律，比如太阳东升西落、地球昼夜更替等。

2.试着实践规律

可以陪孩子一起在生活中实践学到的规律模式，除了第30页提到的水果串的游戏，也可以拿着饼干摆一摆，从ab的规律模式开始摆放，并逐步加大难度。

知识点结业证书

亲爱的＿＿＿＿＿＿＿＿＿＿＿小朋友，

恭喜你顺利完成了知识点 "**寻找规律**" 的学习，你真的太棒啦！你瞧，数学并不难，还很有意思，对不对？

下面是属于你的徽章，请你为它涂上自己喜欢的颜色，之后再开启下一册的阅读吧！

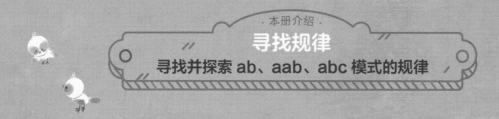

寻找规律
寻找并探索 ab、aab、abc 模式的规律

　　大家都不知道公主为什么总是莫名其妙地发脾气，但初来乍到的比乐王子发现了其中的秘密。这个秘密是什么呢？

　　本册故事通过寻找公主发脾气的原因，让孩子能够理解什么是规律，并能用自己的语言总结出规律，感受找规律的乐趣，从而培养孩子的观察能力和**推理意识**。

用微信扫描二维码，点击"播放列表"下面的故事名称即可收听本书的故事音频。